SITZUNGSBERICHTE DER SÄCHSISCHEN AKADEMIE
DER WISSENSCHAFTEN ZU LEIPZIG

Mathematisch-naturwissenschaftliche Klasse
Band 118 · Heft 6

FRIEDRICH WOLF
MAGDALENE WEISE

DER SIROTHERM-PROZESS – EIN VERFAHREN ZUR RATIONELLEN WASSERENTSALZUNG

AKADEMIE-VERLAG BERLIN

1986

SITZUNGSBERICHTE DER SÄCHSISCHEN AKADEMIE DER WISSENSCHAFTEN ZU LEIPZIG

MATHEMATISCH-NATURWISSENSCHAFTLICHE KLASSE

Band 111

Heft 1 Prof. Dr. Wilhelm Maier, Vom Erbe Bernhard Riemanns 1975. 16 Seiten – 8° – M 2,50

Heft 2 Prof. Dr. med. Hans Drischel, Organismus und geophysikalische Umwelt
1975. 50 Seiten – 25 Abbildungen – 1 Tabelle – 8° – M 7,–

Heft 3 Prof. Dr. Maria Hasse, Zum Begriff des allgemeinen Produkts von Kategorien
1975. 32 Seiten – 8° – M 5,–

Heft 4 Prof. Dr.-Ing. h. c. Kurt Schwabe, Analytische Probleme des Umweltschutzes
1975. 28 Seiten – 9 Abbildungen – 2 Tabellen – 8° – M 3,50

Heft 5 Prof. Dr. Wolfgang Buchheim, Die kopernikanische Wende und die Gravitation
1975. 36 Seiten – 2 Farbtafeln – 8° – M 5,–

Heft 6 Prof. Dr. Hermann Berg, Photopolarigraphie und Photodynamic
1975. 19 Seiten – 2 Abbildungen – 2 Tabellen – 8° – M 3,–

Heft 7 Prof. Dr. Manfred Gersch, Probleme der Insektizide aus heutiger Sicht
1976. 36 Seiten – 9 Abbildungen – 2 Tabellen – 8° – M 4,–

Band 112

Heft 1 Prof Dr. Walter Brednow, Spiegel, Doppelspiegel und Spiegelungen – eine „wunderliche Symbolik" Goethes 1975. 28 Seiten – 4 Abbildungen – 8° – M 3,–

Heft 2 Prof. Dr. Arthur Lösche, Über negative absolute Temperaturen. Eine Einführung
1976. 26 Seiten – 12 Abbildungen – 8° – M 4,–

Heft 3 Prof. Dr. med. Herbert Jordan, Kurorttherapie: Prinzip und Probleme
1976. 31 Seiten – 10 Abbildungen – 1 Tabelle – 8° – M 4,50

Heft 4 Prof. Dr. Friedrich Wolf / Dr. Peter Fröhlich, Zur Druckabhängigkeit von Ionenaustauschreaktionen 1977. 13 Seiten – 6 Abbildungen – 1 Tabelle – 8° – M 2,–

Heft 5 Prof. Dr. Dietrich Uhlmann, Möglichkeiten und Grenzen einer Regenerierung geschädigter Ökosysteme 1977. 50 Seiten – 20 Abbildungen – 2 Tabellen – 8° – M 6,50

Heft 6 Prof. Dr. Erich Rammler, Zwei Jahrzehnte Entwicklung des Einsatzes der Energieträger Kohle und Erdöl im Weltmaßstab 1977. 29 Seiten – 6 Abbildungen – 4 Tabellen – 8° – M 4,–

Heft 7 Prof. Dr. Ulrich Freimuth, Umweltprobleme in der Ernährung
1977. 32 Seiten – 3 Abbildungen – 4 Tabellen – 8° – M 4,–

Band 113

Heft 1 Prof. Dr. Erich Lange, Allgemeingültige Veranschaulichung des II. Hauptsatzes
1978. 22 Seiten – 10 grafische Darstellungen – 8° – M 4,–

Heft 2 Prof. Dr. Herbert Beckert, Bemerkungen zur Theorie der Stabilität
1977. 19 Seiten – 8° – M 2,50

Heft 3 Prof. Dr. sc. Klaus Dörter, Probleme und Erfahrungen bei der Entwicklung einer intensiven landwirtschaftlichen Produktion im Landschaftsschutzgebiet des Harzes
1978. 20 Seiten – 6 Abbildungen, davon 4 farbige auf 2 Tafeln – 2 Tabellen – 8° – M 7,–

Heft 4 Prof. Dr. sc. med. Hans Drischel, Elektromagnetische Felder und Lebewesen
1978. 31 Seiten – 14 Abbildungen – 2 Tabellen – 8° – M 5,–

Heft 5 Prof. Dr. Manfred Gersch, Wachstum und Wachstumsregulatoren der Krebse. Biologische Erkenntnisse und generelle Erwägungen
1979. 32 Seiten – 13 Abbildungen – 1 Tabelle – 8° – M 6,–

SITZUNGSBERICHTE DER SÄCHSISCHEN AKADEMIE
DER WISSENSCHAFTEN ZU LEIPZIG

Mathematisch-naturwissenschaftliche Klasse
Band 118 Heft 6

FRIEDRICH WOLF
MAGDALENE WEISE

DER SIROTHERM-PROZESS – EIN VERFAHREN ZUR RATIONELLEN WASSERENTSALZUNG

Mit 12 Abbildungen und 7 Tabellen

AKADEMIE-VERLAG BERLIN
1986

Vorgetragen in der Sitzung am 8. Juni 1984
Manuskript eingeliefert am 5. Oktober 1984
Druckfertig erklärt am 30. Januar 1986

ISBN 3-05-500093-5
ISSN 0371-327 X

Erschienen im Akademie-Verlag Berlin, DDR-1086 Berlin, Leipziger Straße 3–4

Lizenznummer: 202 · 100/237/86
Printed in the German Democratic Republic
Gesamtherstellung: VEB Druckhaus „Maxim Gorki", 7400 Altenburg
LSV 1255
Bestellnummer: 763 581 2 (2027/118/6)

00400

In zahlreichen Veröffentlichungen und Monographien wurde das von australischen Wissenschaftlern des CSIRO in Verbindung mit dem ICI Australia entwickelte Sirotherm-Verfahren vorgestellt.

Das Sirotherm-Verfahren ist ein Ionenaustauschverfahren zur Teilentsalzung von Wasser, bei dem die Regenergierung der salzbeladenen Ionenaustauscherharze mit heißem Wasser erfolgen kann. Dieser Vorgang läßt sich durch die folgende Gleichung darstellen:

$$\overline{\mathrm{R'COOH}} + \overline{\mathrm{R''NR_2}} + \mathrm{NaCl} \underset{80^\circ\mathrm{C}}{\overset{20^\circ\mathrm{C}}{\rightleftharpoons}} \overline{\mathrm{R'COO^-\ Na^+}} + \overline{\mathrm{R''N^+\ HR_2Cl^-}}$$

Bei der Beladung, die bei 20°C durchgeführt wird, liegt das Gleichgewicht auf der rechten Seite der Gleichung.

Die Regeneration mit heißem Wasser (80°C) bewirkt eine Verschiebung der Gleichgewichtslage nach links.

Die vorliegende Arbeit unternimmt den Versuch der Zusammenfassung der bisher veröffentlichten Ergebnisse. Eigene Arbeiten beziehen sich auf die Prüfung anorganisch/organischer Ionenaustauscherkombinationen.

INHALT

1. Allgemeines zum Sirotherm-Prozeß 7
2. Auswahl geeigneter Ionenaustauscherharzsysteme 9
2.1. Eigenschaften der schwachbasischen Ionenaustauscherharze 10
2.2. Eigenschaften schwachsaurer Ionenaustauscherharze 12
3. Gleichgewichtsverhalten von schwachbasischen/schwachsauren Ionenaustauscherharzsystemen 13
4. Kinetik der Salzadsorption im Rahmen des Sirotherm-Prozesses 16
4.1. Plum-Pudding-Ionenaustauscherharze 17
4.2. No-Matrix-Ionenaustauscherharze 18
4.3. Hybrid-Ionenaustauscherharze 20
5. Einige Prozeßaspekte des Sirotherm-Prozesses 22
5.1. Oxidationsresistente Polyamin-Harze 23
5.2. Kontinuierlicher Ionenaustausch mit magnetisierten Mikropartikel-Ionenaustauscherharzen 25
6. Eigene Untersuchungen 26
7. Literatur 30

1. Allgemeines zum Sirotherm-Prozeß

Die Wasserentsalzung mit Hilfe von Ionenaustauscherharzen wird weltweit zur Herstellung von Speisewasser für Kraftwerke bzw. von entionisiertem Wasser für beliebige Verwendungszwecke eingesetzt. Die Regeneration der beladenen Ionenaustauscherharze muß dabei mit entsprechenden Regenerierchemikalien erfolgen.

Für die Teilentsalzung von Brack- oder Grundwasser als Trink- oder Industriebrauchwasser ist die Verwendung von Regenerierchemikalien sehr kostenaufwendig, andererseits wird durch die Regenerierung die Salzbelastung des Abwassers erhöht.

Die genannten Probleme können durch die Verwendung thermisch regenerierbarer Ionenaustauscherharze überwunden werden, wobei die Regenerierung der beladenen Austauscher mit heißem Wasser erfolgt. Solche Ionenaustauscherharze, die eine thermisch regenerierbare Kapazität besitzen, wurden anfang der 50iger Jahre zuerst beschrieben [4, 5]. Allerdings besaßen sie im Vergleich zur vorhandenen Gesamtgewichtskapazität eine vernachlässigbare thermisch regenerierbare Kapazität, weil in allen diesen Ionenaustauscherharzen die funktionellen Gruppen in der Harzmatrix zu eng benachbart lagen, so daß es zu einer Innersalzbildung kam.

Seit dem Ende der 50iger Jahre wurde das Problem der Teilentsalzung mittels thermisch regenerierbarer Ionenaustauscherharze von CSIRO in Australien aufgegriffen und intensiv untersucht. Auf dem australischen Kontinent ist das Problem der Teilentsalzung von Grundwasser für Trinkwasserzwecke besonders aktuell, da es in einigen Teilen des Kontinents erforderlich ist, etwa 500···1000 ppm Salz aus dem Grund- oder Flußwasser zu entfernen. Damit wäre in diesen Gebieten die Möglichkeit der Industrieansiedelung gegeben.

Als ein Resultat der intensiven Forschungsarbeiten des CSIRO wurde ein Entsalzungsprozeß, basierend auf Ionenaustausch, entwickelt, wobei die Ionenaustauscherharze mit heißem Wasser regeneriert werden können. Diese Arbeiten sind bedeutsam, um Betriebsprobleme, wie hohe Kosten für Regenerierchemikalien und hohe Salzbelastung der Abwässer, zu überwinden. Die Verwendung von heißem Wasser zur Regenerierung macht den Entsalzungsprozeß ökonomisch und hat in einigen Bereichen der Wasserreinigung Anwendung gefunden, besonders dort, wo ein teilentsalztes Wasser eingesetzt werden kann.

Für die Teilentsalzung von Wasser und die thermische Regenerierung der Ionenaustauscherharze, die Mischungen von schwachbasischen und schwachsauren Ionenaustauscherharzen enthalten, wurden Polymere mit spezifischer Struktur entwickelt. Der Entsalzungsprozeß mit schwachbasischen/schwachsauren Ionenaustauscherharz-Kombinationen wird als Sirotherm-Prozeß bezeichnet.

„Sirotherm" ist heute ein Markenzeichen der ICI Australia für thermisch regenerierbare Ionenaustauscherharze und Verfahren zur Anwendung dieser Ionenaustauscherharze. Das Sirotherm-Verfahren beruht auf der Verwendung von schwachsauren und schwachbasischen Ionenaustauscherharzen, wobei die ionenaustauschaktiven Zentren durch Protonenübertragung von der schwachsauren Gruppe auf die schwachbasische Gruppe entstehen. Die Regenerierung kann mit heißem Speisewasser erfolgen. Mit Hilfe thermisch regenerierbarer Ionenaustauscherharze ist es möglich, die Salzkonzentration von etwa 2500 ppm auf 350 ppm zu senken. Dieser Vorgang, gekoppelt mit der Salzaufnahme, kann durch die folgende Beziehung verdeutlicht werden:

$$\overline{R'COOH} + \overline{R''NR_2} + NaCl \underset{80\,°C}{\overset{20\,°C}{\rightleftharpoons}} \overline{R'COO^-Na^+} + \overline{R''N^+HR_2Cl^-}$$

Das Gleichgewicht dieser Reaktion liegt bei Beladung der Ionenaustauscherharze auf der rechten Seite. Eine Verschiebung des Gleichgewichtes nach links wird als Regeneration bezeichnet und kann durch Temperaturerhöhung des Speisewassers erreicht werden. Die Regeneration mit heißem Wasser beruht auf dem starken Anstieg der Dissoziationskonstanten des Wassers bei Erwärmen von 20 °C und 80 °C (ca. 30facher Anstieg) und der damit verbundenen Erhöhung der Konzentration an H^+- und OH^--Ionen.

Das Konzept der thermischen Regenerierung erscheint einfach, aber es hat sich in der Praxis gezeigt, daß eine Fülle von Einflußgrößen auf das Ionenaustauschgleichgewicht beachtet werden muß. Dazu gehören die Polymerstruktur, die Acidität bzw. die Basizität der funktionellen Gruppen, das Verhältnis basischer Gruppen zu sauren Gruppen, die Selektivität der Ionenaustauscherharze, der pH-Wert des Speisewassers und die Temperatur. Die Zusammensetzung des zu entsalzenden Wassers, z. B. gelöste Gase, wie O_2 und organische Inhaltsstoffe haben ebenfalls einen großen Einfluß auf die effektive Kapazität und die Lebensdauer der Sirothermharze. Bei hohen O_2-Gehalten des Speisewassers ist eine Aufbereitung notwendig, die z. B. mit Natriumsulfid erfolgen kann.

2. Auswahl geeigneter Ionenaustauscherharzsysteme

Zur Auswahl geeigneter Ionenaustauscherharze für die thermische Regenerierung wurde eine Methode entwickelt, die durch Messung des Titrationsverhaltens der einzelnen Harze eine Auswahl optimaler Kombinationen ermöglicht [2, 3, 4].

Die pH-Titrationskurven der Einzelkomponenten werden dazu in die gleiche Graphik eingetragen. Der Schnittpunkt der beiden Kurven bei einer Temperatur gibt die Harzbeladung unter den gewählten Bedingungen an.

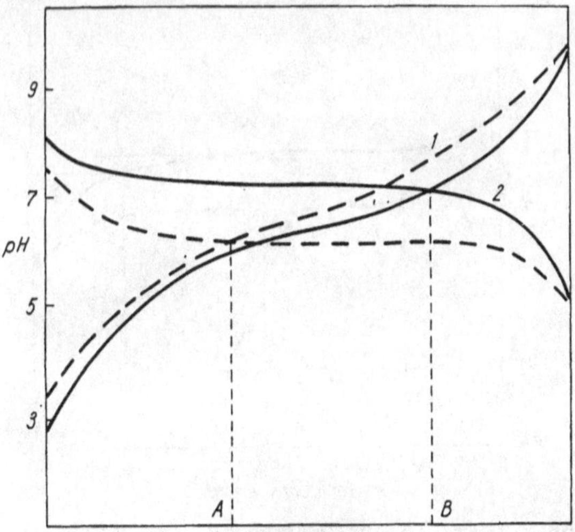

Abb. 1. Titrationskurven eines Polyacrylsäureharzes und eines Polytriallylamin-Harzes in 1760 mg/l NaCl [8].

——————— 20°
- - - - - - - - - - 80°

Aus den Kurven kann bei den entsprechenden Temperaturen der Beladung und der Regenerierung der Prozentsatz an funktionellen Gruppen, die zur thermischen Regenerierung zur Verfügung stehen, bestimmt werden (Abb. 1), [3].

Die thermisch regenerierbare Kapazität wird als effektive Kapazität bezeichnet. Um eine hohe Kapazität für die thermische Regenerierung erreichen zu können, ist es wichtig, daß die pH-Titrationskurven ein möglichst ausgeprägtes Plateau besitzen, d. h. daß die Ionenaustauscherharze eine möglichst hohe Pufferkapazität aufweisen.

2.1. Eigenschaften der schwachbasischen Ionenaustauscherharze

Schwachbasische Ionenaustauscherharze mit entsprechenden Plateau-Titrationskurven müssen homofunktionell sein. Ionenaustauscherharze mit sekundären bzw. tertiären Aminogruppen an einer unpolaren Matrix zeigen dabei die besten Ergebnisse. Die pH-Titrationskurven einer Reihe von schwachbasischen Ionenaustauscherharzen mit tertiären Aminogruppen zeigen, daß die Basizität der Harze mit zunehmender Alkylkettenlänge der Substituenten am N-Atom geringer wird. Sekundäre Aminharze weisen demgegenüber eine

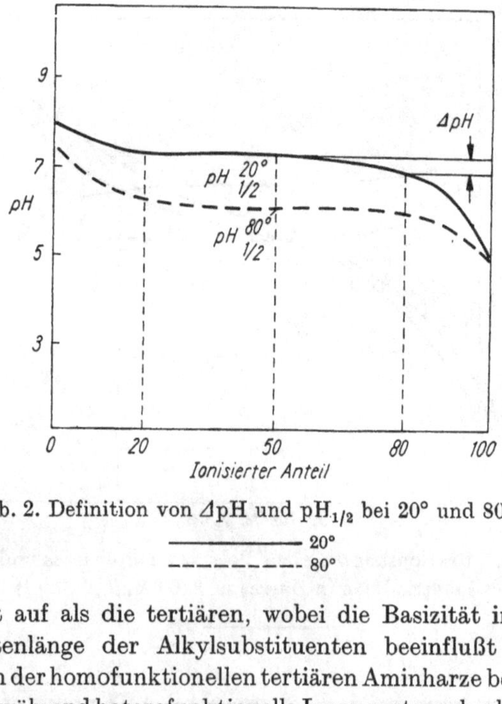

Abb. 2. Definition von ΔpH und $pH_{1/2}$ bei 20° und 80 °C.
——————— 20°
- - - - - - - - 80°

höhere Basizität auf als die tertiären, wobei die Basizität in gleicher Weise durch die Kettenlänge der Alkylsubstituenten beeinflußt wird. Die pH-Titrationskurven der homofunktionellen tertiären Aminharze besitzen ein ausgeprägtes Plateau, während heterofunktionelle Ionenaustauscherharze kein solches Plateau aufweisen und zwar unabhängig von der Art der basischen Gruppen. Polare Gruppen, z. B. OH^--Gruppen, die entweder an den austauschaktiven Gruppen oder auch an der Matrix fixiert sein können, haben einen ungünstigen Einfluß auf die Gestalt der Titrationskurven. Die pH-Titrationskurven sind bei Anwesenheit einer polaren Matrix bzw. polaren Gruppen in den austauschaktiven Spezies stärker geneigt. Die Vernetzung der Matrix hat ebenfalls einen Einfluß auf die Basizität schwachbasischer Ionenasutauscherharze, z. B. sinkt die Basizität von Polyalkylallylaminharz mit steigender Vernetzung [8, 2].

Die pH-Wertänderung zwischen 20% und 80% Neutralisation der funktionellen Gruppen wird als ΔpH bezeichnet und ist ein Maß für die Eignung eines schwachbasischen Ionenaustauscherharzes. In Abb. 2 sind der ΔpH und der $pH_{1/2}$ (d. h. pH-Wert bei 50% Neutralisation) definiert.

Besonders günstige niedrige ΔpH-Werte haben neben den tertiären Aminharzen auf Polystyren-Divinylbenzen-Basis (aminiert mit Dimethyl- bzw. Diethylamin) Polytriallylaminharze mit einem ΔpH-Wert von 0,5 [2]. Die Polytriallylaminharze haben eine cyclische Struktur, die durch Cyclopolymerisation zweier Allylgruppen gebildet wird, während die dritte Allylgruppe eine Vernetzung bewirkt [1].

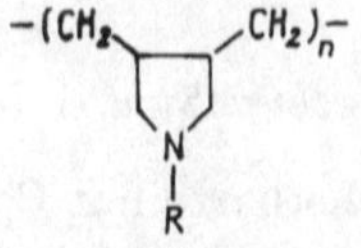

Tabelle 1

Titrationsdaten bei 20 °C für sekundäre und tertiäre Amin-Harze in 1760 mg/l NaCl-Lösung

Polymer	ΔpH	$pH_{1/2}$
Polytriallylamin	0,5	7,0
Vernetztes Polyvinylbenzyl-diethylamin	0,5	6,2
Vernetztes Polyvinylbenzyl-diethanolamin	1,6	5,6
Vernetztes Epichlorhydrin mit Piperidin aminiert	1,6	7,9

Wie bereits erwähnt, ist die treibende Kraft für die thermische Sensibilität des Gleichgewichtes, die ansteigende Dissoziation des Wassers beim Erwärmen. Das Erwärmen der entsprechenden Harze von 20 °C auf 80 °C ändert den K_α- bzw. K_β-Wert nicht, sondern ΔpK_α oder ΔpH_β verändert sich durch die Abnahme von ΔpK_ω.

Das Aciditätsniveau eines schwachsauren Harzes ändert sich z. B. um 0,3 Einheiten. Für ein schwachbasisches Ionenaustauscherharz mit Plateautitrationskurve kann diese Änderung 1,1 ··· 1,5 pH-Einheiten betragen.

Während das unpolare Netzwerk den thermischen Effekt des Harzes in eine vorteilhafte Richtung beeinflußt (siehe oben), hindert es in letzterem Fall. Die gegenseitigen Einflüsse heben sich auf.

Der pK_α-Wert kann durch die Methode von HELFFERICH berechnet werden [9].

Für ein Polybenzyldiethylaminharz ist pK_α 8,3, während das Benzyldiethylamin einen pK_α-Wert von 9,4 besitzt [2]. Die Erniedrigung des pK_α-Wertes in den basischen Ionenaustauscherharzen kann dem Einfluß der unpolaren Matrix zugeschrieben werden. Ein solcher Einfluß kann bei hochpolaren Ionenaustauscherharzen, wie den schwachsauren Carboxylharzen, nicht beobachtet werden. Die schwachbasischen Ionenaustauscherharze sind die störanfälligere Komponente der Sirotherm-Ionenaustauscherharze.

Besonders unter den Regenerationsbedingungen erfolgt durch in Wasser gelösten Sauerstoff eine Oxidation der funktionellen Gruppen und damit eine Verkürzung der Lebensaduer der Ionenaustauscherharze.

2.2. Eigenschaften schwachsaurer Ionenaustauscherharze

Schwachsaure Ionenaustauscherharze mit Carboxylgruppen haben geneigte pH-Titrationskurven. Es ist bei Carboxylharzen schwieriger ein Plateauverhalten zu erreichen, weil die Ionenaustauscherharze eine wesentlich höhere Konzentration an austauschaktiven Gruppen aufweisen und polar sind. Ein

Tabelle 2

ΔpH-Werte von schwachsauren Kationenaustauscherharzen

Ionenaustauscherharz	ΔpH
Polyacrylsäure	−2,2
1 : 2,6 Copolymer von Methacrylsäure und Methylmethacrylat	−1,2
1 : 0,44 Copolymer von Acrylsäure und Vinylisobutylether	−1,4
Hydrolysiertes 1 : 1 Copolymer von Methylaxrylat und Vinylacetat	−3,6

schwach ausgeprägtes Plateau kann durch Einführung unpolarer Reste in das Polymere erhalten werden. Vernetzte Polyacrylsäure zeigt demzufolge durch Einführung von Methylmethacrylat oder Vinylisobutylether-Einheiten eine flachere pH-Titrationskurve [7, 8]. Die Einführung nichtpolarer Bereiche in die Matrix erniedrigt jedoch die Kapazität des Ionenaustauscherharzes drastisch, so daß dieser Weg praktisch nicht gangbar ist. Tabelle 2 enthält ΔpH-Werte einiger schwachsaurer Carboxylharze [7].

Ebenso waren Versuche zur Herstellung von schwachsauren Carboxylharzen mit Snake-Cage Strukturen, basierend auf Umsetzung von chlormethylierten Styren-Divinylbenzen-Matrices mit Thioglycolsäure erfolglos [20, 1].

3. Gleichgewichtsverhalten von schwachbasischen/schwachsauren Ionenaustauscherharzsystemen

Das Problem der Auswahl optimaler Harzpaare für den Sirothermprozeß ist aufgrund der großen Zahl von Möglichkeiten schwierig. Die Untersuchung von Gleichgewichtsbedingungen für ein ausgewähltes Ionenaustauscherharz-Paar zeigt, daß die Harzbeladung sehr stark von der Temperatur, dem pH-Wert und der Ionenstärke der Lösung abhängig ist. Alle diese Änderungen müssen daher betrachtet werden, wenn das günstigste Harzpaar ermittelt werden soll. Um diese Arbeit zu erleichtern, wurde ein einfaches Verfahren entwickelt [7]. Die effektive Kapazität eines Harzpaares kann durch Schütteln

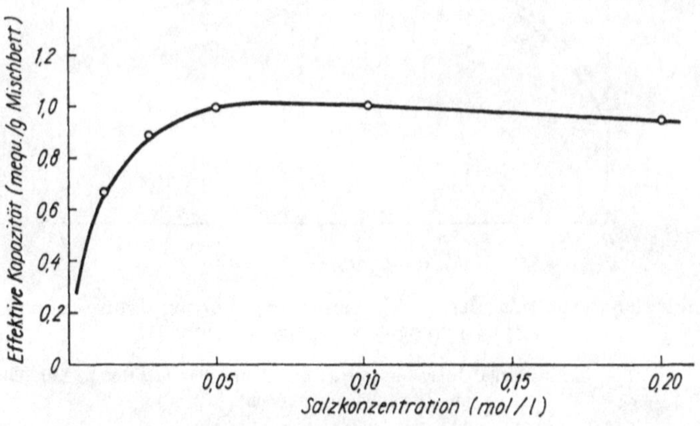

Abb. 3. Effektive Kapazität einer äquimolaren Mischung von De-Acidite M/Amberlite IRC-50 gegen die Salzkonzentration [3].

(Amberlite IRC 50 – kommerzielles Polymethacrylsäure-Harz; De-Acidite M – kommerzielles heterofunktionelles Anionenaustauerharz)

einer äquimolaren Mischung der Ionenaustauscherharze mit Salzlösung bei 20 °C und 80 °C bestimmt werden. Während die effektive Kapazität von Ionenaustauscherharzen mit homofunktioneller Struktur mit steigender Salzkonzentration ansteigt, sinkt sie mit steigender Salzkonzentration bei heterofunktionellen Ionenaustauscherharzen.

Abbildung 3 zeigt die effektive Kapazität einer Harzmischung De-Acidite M/Amberlite IRC 50, die mit steigender Konzentration durch ein Maximum geht.

Screening Tests zur Voraussage der Gleichgewichtsdaten für verschiedene Harzpaare bei unterschiedlichen Bedingungen können mit den pH-Titrationskurven der einzelnen Harze durchgeführt werden.

Dazu werden die pH-Titrationskurven beider Einzel-Ionenaustauscherharze in eine gemeinsame Graphik eingetragen.

Abbildung 4 zeigt hierfür ein Beispiel.

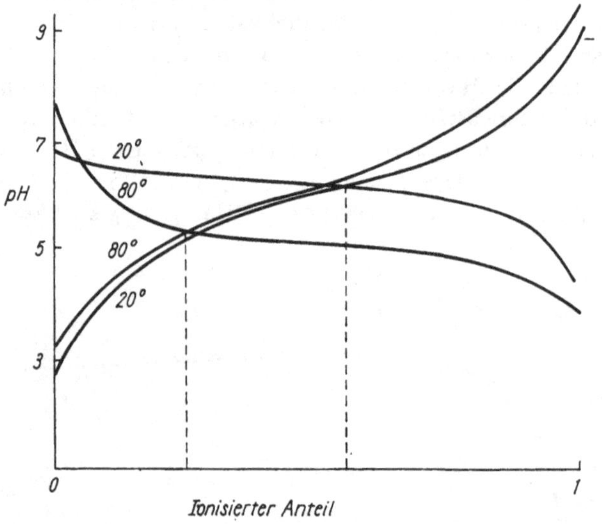

Abb. 4. Äquivalentverhältnis der 2,5% vernetzten Polyacrylsäure und De-Acidite G = 1; 0,03 m NaCl-Lösung [3].

(De-Acidite G – kommerzieller Ionenaustauscher der Firma Permutit Comp. Ltd. London mit Dimethylamingruppen)

Es hat sich gezeigt, daß bei Verwendung von Mischungsverhältnissen ungleich 1 und bei pH-Werteinstellung günstigere Resultate erzielt werden können, beispielsweise mit einer Mischung aus 3 Äquivalentteilen des schwachsauren Carboxylaustauschers Zeo-Karb 226 und 1 Äquivalentteil De-Acidite G bei einem pH-Wert von 5,8 (Normalkörnung).

(Zeo-Karb 226 — kommerzielles Poly(acrylsäure)-Harz)

Das Diagramm zeigt, daß bei einem Harzverhältnis von 3 die Überlappung der zwei Titrationskurven größer ist, so daß die Salzaufnahme ansteigt. Der Effekt des ansteigenden Anteils an schwachsaurem Ionenaustauscherharz in der Mischung ist daher gleichbedeutend mit einer sich verflachenden Titrationskurve.

Das Verfahren stellt eine praktikable Möglichkeit für die Auswahl optimaler Mischungsverhältnisse dar.

Die Gleichgewichtsdiagramme für den Sirotherm-Prozeß sind Kurven der Ionisation des sauren Harzes gegen die des basischen Harzes bei verschiedenen

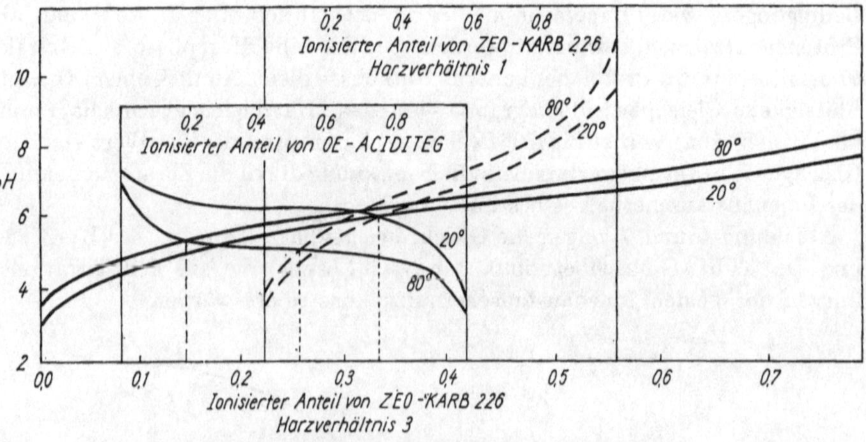

Abb. 5. Titrationskurven von Zeo-Karb 226 und De-Acidite G Mischbetten mit dem Harzverhältnis 1 und 3 bei pH = 5,8 und 20 °C [3].

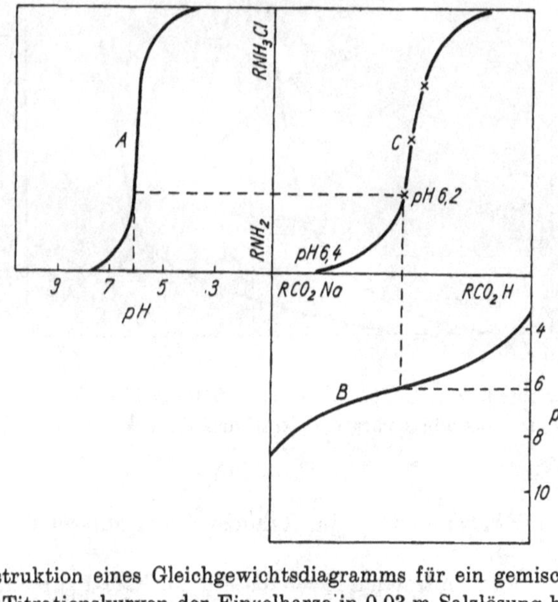

Abb. 6. Konstruktion eines Gleichgewichtsdiagramms für ein gemischtes Harzsystem aus den Titrationskurven der Einzelharze in 0,03 m Salzlösung bei 20°C [3].

A – Titrationskurve von De-Acidite G

B – Titrationskurve von Zeo-Karb 226

C – konstruiertes Gleichgewichtsdiagramm für ein Mischbett aus De-Acidite G und Zeo-Karb 226

Bedingungen, wie Temperatur und Salzkonzentration. Der Prozeß kann als Protonenextraktion betrachtet werden, bei der eine Harzphase als Extraktionsmittel für das Proton der anderen Harzphase dient. Ähnlich einem Dampf-Flüssigkeits-Gleichgewichtsdiagramm ist das Harzgleichgewichtsdiagramm unabhängig vom Verhältnis der zwei Harzphasen, weil der pH-Wert einer im Gleichgewicht mit einem Harz befindlichen Lösung durch die Zusammensetzung des Ionenaustauscherharzes bestimmt wird.

Abbildung 6 und 7 zeigen die Gleichgewichtsdiagramme für Zeo-Karb 226 und De-Acidite G-Mischbett in 0,03 m NaCl-Lösung, die aus den Titrationskurven der beiden Ionenaustauscherharze konstruiert wurden.

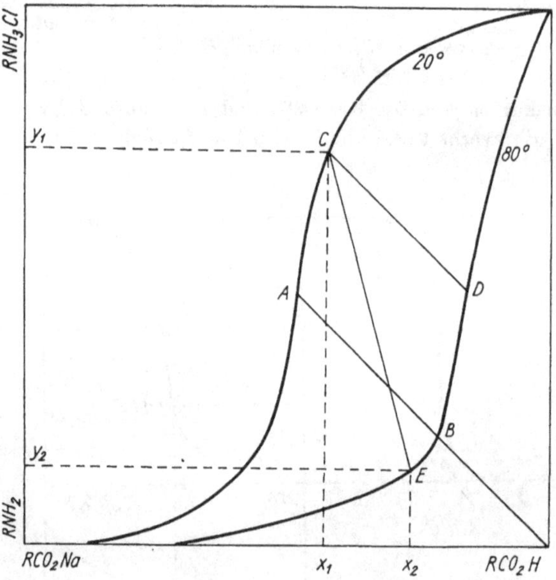

Abb. 7. Gleichgewichtsdiagramm für Zeo-Karb 226/De-Acidite G Mischbett in 0,03 m Salzlösung aus den separaten Titrationskurven konstruiert (3].

4. Kinetik der Salzadsorption im Rahmen des Sirotherm-Prozesses

Neben der Auswahl des optimalen Ionenaustauscherharz-Paares mit möglichst großer effektiver Kapazität wird die Ökonomie des Sirotherm-Prozesses maßgeblich durch die Geschwindigkeit der Salzadsorption beeinflußt. Sie ist unglücklicherweise bei Ionenaustauscherharzen mit schwach dissoziierten Gruppen um etwa 2 Größenordnungen geringer, als in Ionenaustauscherharzen mit stark dissoziierten Gruppen. Bei den Sirotherm-Harzen ist die Bildung der Adsorptionsplätze vom Austausch eines Protons von der Carboxylgruppe zur schwachbasischen Ammoniumgruppe abhängig. Da dieser Austausch in der Nähe des Neutralpunktes vonstatten geht, verläuft die Reaktion außerordentlich langsam.

Eine Lösung des Problems wurde mit bipolaren Ionenaustauscherharzen angestrebt, die in einer Matrix sowohl schwachsaure, als auch schwachbasische dissoziationsfähige Gruppen enthalten [1, 8]. Desweiteren durch die Synthese von Snake-Cage-Ionenaustauscherharzen, d. h. Ionenaustauscherharze, die in den Poren einer funktionalisierten Matrix entgegengesetzt funktionalisierte Polymerketten enthalten [33]. Damit konnten zwar Ionenaustauschsysteme hergestellt werden, die schnell reagieren, gleichzeitig wurde durch die zu enge Nachbarschaft der funktionellen Gruppen, eine drastische Abnahme der effektiven Kapazität durch innere Neutralisation beobachtet.

Tabelle 3

Vergleich der effektiven Kapazität und der Kinetik von Ionenaustauschersystemen [14]

System	Partikelgröße	Therm. regenerierbare Kapazität (meq./g)	Halbwertszeit (50% der Gleichgewichtsbeladung) (min)
Gemischte IATH	Normal (0,3···0,8 mm)	1,0	240
Amphotere IATH	Normal	0,05	
Snake-Cage IATH	Normal	0,4	1
Gemischte IATH	Mikropartikel (5···10 μm)	1,0	2

IATH — Ionenaustauscherharze

Bei Verwendung von sehr feinteiligen Ionenaustauschermischungen (5··· 10 μm) ist die Austauschgeschwindigkeit ebenfalls sehr hoch.

Es treten jedoch aufgrund des hohen Staudruckes bei Anwendung von Mikropartikeln in einer Säule große Handhabungsprobleme auf. Daher wurde versucht, Ionenaustauschersysteme mit günstiger Kinetik und hoher effektiver Kapazität zu synthetisieren.

4.1. Plum-Pudding-Ionenaustauscherharze

Durch Einbettung von Harzteilchen geringer Größe (5···10 μm) in eine inerte Matrix wurden sogenannte Plum-Pudding-Ionenaustauscherharze hergestellt. Die feinteiligen Ionenaustauscherharze können in eine Cellulosematrix, in eine aus vernetzten Polysalzen bestehende Matrix, bzw. in eine Polyvinylalkohol-Matrix eingebettet werden [11–13].

Die Plum-Pudding-Ionenaustauscherharze zeigen eine sehr günstige Kinetik und die effektive Kapazität wird nicht durch Wechselwirkungen zwischen den unterschiedlich geladenen funktionellen Gruppen verringert. Abbildung 8 zeigt die schematische Darstellung einen Plum-Pudding-Ionenaustauscherharzes.

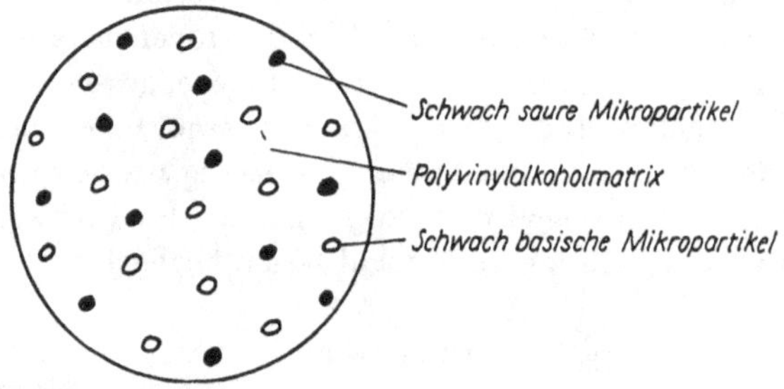

Abb. 8. Schematische Darstellung eines Plum-Pudding-Ionenaustauschers.

Die Geschwindigkeit der Salzaufnahme ist im Plum-Pudding-Ionenaustauscherharz etwa 100mal größer als in Mischbetten von Ionenaustauscherharzen konventioneller Größe. Die Geschwindigkeit der Salzaufnahme ist jedoch auch von der Art und dem Anteil der Matrix abhängig. Je größer der Anteil der Matrix, bzw. deren Vernetzungsgrad ist, um so niedriger wird die Reaktionsgeschwindigkeit (Diffussionsbarriere). Da die Matrix etwa 40% der Masse der Plum-Pudding-Ionenaustauscher ausmacht, hat die Matrix auch einen „Verdünnungseffekt"

4.2. No-Matrix-Ionenaustauscherharze

Aus den eben erwähnten Nachteilen der Plum-Pudding-Ionenaustauscherharze ergibt sich die Forderung, den „inerten Binder" (Polyvinylalkohol mit Glutaraldehyd vernetzt) durch eine funktionalisierte Matrix zu ersetzen.

Die idealisierte Struktur eines solchen Ionenaustauscherkorns wäre eine poröse Kugel mit Mosaikstruktur, d. h. einer Struktur, die Domänen eines Typs aktiver Gruppen, abwechselnd mit solchen, die funktionelle Gruppen des 2. Typs, enthält. Abbildung 9 zeigt die schematische Abbildung einer solchen Struktur.

Das praktische Hauptproblem bei der Synthese solcher No-Matrix-Ionenaustauscherharze ist die Verhinderung von innerer Neutralisation der basischen und sauren Gruppen während der Synthese. Werden z. B. Monomere, wie

Acrylsäure und Triallylamin miteinander gemischt, so tritt bereits vor der Polymerisation eine innere Salzbildung ein, so daß das Ionenaustauscherharz keine effektive, thermisch regenerierbare Kapazität aufweist. Daher müssen

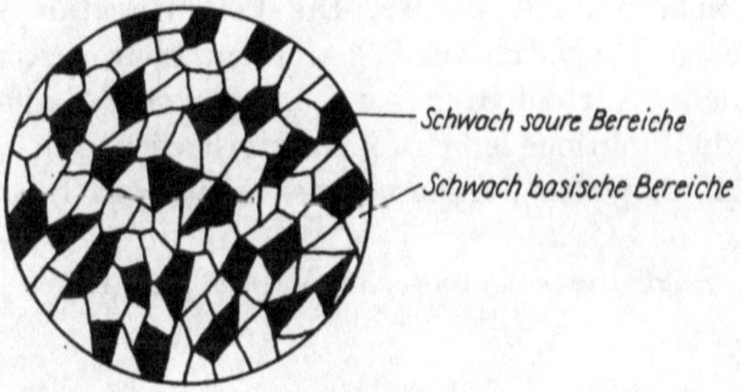

Abb. 9. Schematische Darstellung eines Ionenaustauscherteilchens mit Mosaikstruktur.

durch Blockierungsmethoden Wechselwirkungen zwischen den funktionellen Gruppen verhindert werden. Brauchbare Methoden hierfür sind:

1. Die Verwendung von Monomeren, die Vorstufen der funktionellen Gruppen enthalten [14, 15].
2. Die Polymerisation bei Anwesenheit großer, multivalenter Gegenionen [18, 16].
3. Polymerisation bei niedrigen pH-Werten, so daß die schwachsaure Gruppe undissoziiert vorliegt [16, 17].

Tabelle 4 zeigt einen Vergleich der effektiven Kapazität der nach den verschiedenen Methoden synthetisierten Sirotherm-Ionenaustauscherharze im Vergleich mit einem Plum-Pudding-Ionenaustauscherharz.

Elektronenmikroskopische Aufnahmen der No-Matrix-Ionenaustauscherharze zeigten, daß eine Struktur entstanden war, in welcher Mikropartikel

Tabelle 4

Vergleich der nach verschiedenen präparativen Methoden hergestellten „No-Matrix“-Ionenaustauscher mit einem Plum-Pudding-Ionenaustauscherharz

System	präparativer Weg	thermisch regenerierbare Kapazität (meq./g)
No-Matrix	Gegenionen	0,6
No-Matrix	Fällung und Lösungsmittel	0,6
No-Matrix	Neutrale Vorstufen	1,2
Plum-Pudding	Getrennte Polymerisation	1,4

mit schwachsauren funktionellen Gruppen in einer basisch funktionalisierten Matrix vorliegen. Diese Struktur kommt durch unterschiedliche Polymerisationsgeschwindigkeiten zustande. Das schneller polymerisierende Monomer, Acrylsäure, bildet sehr kleine Partikel, die durch das langsamer polymerisierende Aminmonomer umhüllt werden. Die Polymerisation heterogener Mischungen, in welchen eine Matrix aus Polyamin um Mikropartikel polymerisiert wird, erscheint daher vorteilhafter. Auch in diesem Fall sind Blockierungsmaßnahmen für die funktionellen Gruppen erforderlich.

Tabelle 5 zeigt, daß eine Steigerung der effektiven Kapazität um 50% möglich ist.

Abbildung 10 zeigt die schematische Darstellung eines „Einkapselungsharzes"

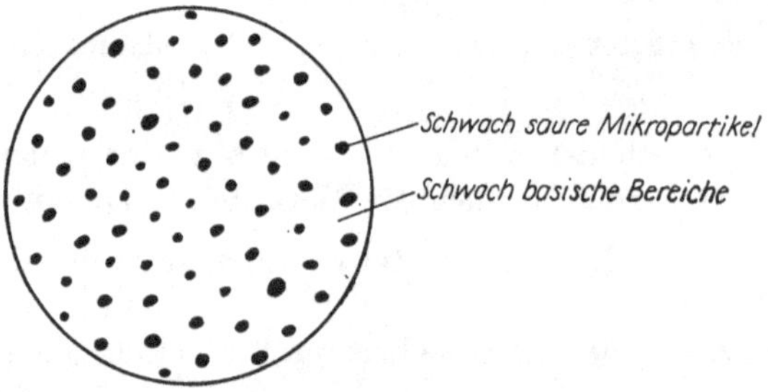

Abb. 10. Schematische Darstellung eines „No-Matrix" Ionenaustauschers.

Die osmotische Stabilität und die Härte der „Einkapselungsionenaustauscherharze" ist jedoch gering, so daß ihr praktischer Einsatz nicht in Frage kommt [9].

4.3. Hybrid-Ionenaustauscherharze

Neben den Ionenaustauscherharzen, die durch „Einkapselung" von Mikropartikeln in einer entgegengesetzt funktionalisierten Matrix hergestellt werden, wurden von der Firma ROHM and HAAS sogenannte Hybridionenaustauscherharze entwickelt.

Hybrid-Ionenaustauscherharze unterscheiden sich deutlich von den Snake-Cage-Ionenaustauscherharzen, die basische und saure Gruppen in zu enger Nachbarschaft enthalten, so daß es zur Selbstneutralisation kommt. Die Nachteile der Snake-Cage-Ionenaustauscherharze können mittels der Hybrid-Ionenaustauscherharze überwunden werden, da die Abstände zwischen den unterschiedlichen funktionellen Gruppen größer sind.

Hybrid-Copolymere werden durch Einführung eines vernetzten Copoly-

Tabelle 5

Thermisch regenerierbare Kapazität einiger zusammengesetzter Ionenaustauscherharze

Quelle des basischen IAT	Quelle des sauren IAT	Präparativer Weg	Tr. Kap. *) (meq./g)
Polytriallylamin	Polyacrylsäure	Inerte Matrix/zwei Polymere (Plum-Pudding)	1,4
Triallylamin Hydrochlorid	Acrylsäure	**Homogene Polymerisation** Ohne Schutzmaßnahmen	0
Triallylamin Hydrochlorid	Zn-Methacrylat	Gegenionenmethode	0,6
Triallylamin-formiat	Methacrylsäure Ameisensäure	Ausfällung	0,6
Triallylamin Diallylamin-Hydrochlorid	Methacrylamid u. Vernetzer	Neutrale Vorstufen	1,2
Triallylamin Hydrochlorid	Phenylmaleam-säure	**heterogene Polymerisation** Zwei Monomere, eines als Feststoff	0,4
Methyldiallylamin Hydrochlorid Vernetzer	Ethylacrylat, Methylmethacrylat Vernetzer	Zwei Monomere (Lösungen) neutrale Vorstufen	1,5
Vern. Polypropyl-diallylamin. HCl	Ethylacrylat Vernetzer	Polymer/Monomer Neutrale Vorstufen	1,2
Diallylamin Hydrochlorid	Vern. Polyacryls.	Monomer/Polymer Ohne Schutzmaßnahmen	1,2
Diallylamin Hydrochlorid	Vern. Polyethyl-acrylat	Monomer/Polymer Neutrale Vorstufen	2,1

*) Tr. Kap. = Thermisch regenerierbare Kapazität

meren „Guest-Copolymer“ in ein makroporöses Copolymeres „Host-Copolymer“ hergestellt. Durch diesen Prozeß erfolgt die Lokalisierung eines Polymeren in den Poren eines anderen Netzwerkes, das dann nachfolgend in Ionenaustauscherharze umgewandelt werden kann. Die Synthese der Hybrid-Copolymeren kann über folgende Schritte ablaufen:

1. Synthese des makroporösen Styren-Divinylbenzen-Copolymeren und Suspendieren dieses Polymeren in H_2O.

2. Zugabe einer bestimmten Monomermischung, z. B. Methacrylsäureester, Divinylbenzen und Katalysator, die durch Kapillarkräfte in die Poren des „Host-Copolymeren" eindringt.
3. Thermisches Polymerisieren in den Poren des 1. Netzwerkes.

Die Hybridcopolymeren werden nachfolgend chlormethyliert und die Einführung der schwachbasischen Gruppen erfolgt mittels Aminolyse. Die schwachsauren Carboxylgruppen werden durch Hydrolyse der Estergruppen, die sich am „Guest-Copolymeren" befinden, eingeführt [22—25, 31, 32].

Eine Steigerung der Salzaufnahme wird durch Umsetzung des Chlormethylates mit Polyalkylenpolyaminen erreicht [26]. Als Polyalkylenpolyamin ist Polyethylenimin mit einem Molekulargewicht von etwa 600 besonders geeignet. Die Reaktion des Polyethylenimins findet aufgrund der Größe des Imins bevorzugt mit an der Oberfläche und den Poreneingängen befindlichen Chlormethylgruppen statt, so daß daraus eine räumliche Trennung der basischen und sauren Gruppen resultiert. Es ergeben sich daher im Vergleich zu Hybrid-Ionenaustauschern, die mit Dimethylamin aminiert wurden, um 20···30% höhere Kapazitäten für die thermische Regenerierung.

Die Nachteile der „Einkapselungs-Ionenaustauscherharze", die zwar eine hohe thermisch regenerierbare Kapazität von 2,1 meq./g aufweisen, aber aufgrund ihrer geringen Volumenkapazität und ihrer geringen osmotischen Stabilität für einen praktischen Einsatz ungeeignet sind, lassen sich durch Hybrid-Ionenaustauscher deren „Guest-Copolymeres" vernetztes Polyallylamin-Copolymeres ist, umgehen [21].

Eine wäßrige Lösung von Diallylaminhydrochlorid und 1,6-bis(N,N-diallylamino)hexanhydrochlorid wurde in einem makroporösen Polyacrylsäureharz adsorbiert und durch γ-Strahlung polymerisiert. Diese Ionenaustauscherharze besitzen eine hohe Dichte, hohe osmotische Stabilität, niedrige Quellungsgrade und weisen eine thermisch regenerierbare Kapazität von max. 0,8 meq./g auf. Die Volumenkapazität von 0,22 meq./ml ist vergleichbar mit der der bisher besten „Einkapselungs-Ionenaustauscherharze" auf Basis Polytriallylamin/Acrylsäure, deren osmotische Stabilität gering ist.

5. Einige Prozeßaspekte des Sirotherm-Prozesses

Die Anwendung thermisch regenerierbarer Ionenaustauscherharze wurde bisher in Pilotanlagen zur Entsalzung von Oberflächen- und Grundwasser sowie von städtischen und industriellen Abwässern erprobt.

Die größte Anlage, in der 6 m^3/d entsalzt werden können, befindet sich in Adelaide (Südaustralien).

Der Einsatz von Plum-Pudding-Ionenaustauscherharzen im Batch-Verfahren ist jedoch im Vergleich zu Membrantechniken, wie Elektrodialyse und reverse Osmose aufgrund der Prozeßkosten und von Schwierigkeiten bei der Prozeßführung nicht wettbewerbsfähig.

Signifikante Kosteneinsparungen konnten aber durch kontinuierliche Prozeßführung erzielt werden. Kontinuierliche Arbeitsweise bedeutet ständigen Austausch der Ionenaustauscherharze von der Adsorber- zur Regeneriereinheit, so daß die Adsorbersäule bei 20 °C betrieben wird, während die Temperatur der Regeneriereinheit bei 80 °C gehalten werden kann. Auf diese Weise lassen sich Energieeinsparungen erzielen. Außerdem ist die Ausbeute an entsalztem Wasser größer [8].

Das Langzeitverhalten der Sirotherm-Ionenaustauscherharze für die Entsalzung von Oberflächen- und anderen sauerstoffbeladenen Wässern, wird durch den Sauerstoffgehalt des Wassers kritisch beeinflußt und kann durch die Entfernung des gelösten Sauerstoffes verbessert werden. Die einfachste Methode hierfür ist die Zugabe von Natriumsulfit zur Sauerstoffentfernung. Die Sirotherm-Ionenaustauscherharze mit der höchsten effektiven Kapazität, also Ionenaustauscherharz-Kombinationen, die Polyalkyldiallylamin-Systeme enthalten, reagieren jedoch mit Sulfit, da sie noch nicht umgesetzte Allylgruppen enthalten.

Es war daher notwendig, solche Polymerisationsbedingungen zu finden, bei denen der Gehalt an nicht umgesetzten Allylgruppen im Ionenaustauscherharz vernachlässigbar wird. Harze mit niedrigen Allylgruppengehalten konnten auch durch Optimierung des Vernetzungsniveaus und der Monomerkonzentration in der Reaktionsmischung erreicht werden [29]. Ionenaustauscherharze mit niedrigen Vernetzungsgraden können durch Nachvernetzung mit Dihalogenverbindungen unter Bildung von Polymeren mit tertiärer Aminstruktur nachvernetzt werden [30].

Neben der Verbesserung der Oxidationsresistenz der Allylaminharze wurde versucht, oxidationsresistente Sirotherm-Ionenaustauscherharze „maßzuschneidern“

5.1. Oxidationsresistente Polyamin-Harze

Oxidationsuntersuchungen an basischen Harzen mit unterschiedlichen Polymergerüsten und Substituenten am N-Atom führten zu interessanten Varianten. Sie zeigten, daß das Oxidationsverhalten von Aminharzen auf Polystyrenbasis (I) verschieden ist von dem der hochkapazitiven Diallylamin-Harze (II), die einen großen Kapazitätsverlust durch Oxidation erleiden.

Zur Überwindung der leichten Oxidierbarkeit sind verschiedene Möglichkeiten vorhanden.

Tabelle 6

Oxidationsdaten für Polyamin-Harze

Struktur	Kapazität an basischen Gruppen (meq./g)	Kapazitätsverlust (%)	$pH_{1/2}$ 20°C in 1100 mg/l NaCl
Polystyren			
NR_2 (R=CH_3–	4,4	1	6,1
C_2H_5–	4,5	2	6,1
Polydiallyl-amin (R=H	8,3	37	9,3
C_2H_5–	7,3	37	8,9
C_3H_7–	6,7	31	8,3
C_4H_9–	6,7	23	8,0
Allyl	7,1	28	7,4
Benzyl	5,2	8	6,6

Für Systeme, in denen gleiche funktionelle Gruppen vorhanden sind, kann die Polymerstruktur von signifikantem Einfluß sein.

Von den Ionenaustauscherharzen mit hoher Kapazität zeigen nur diejenigen mit Polyalkyldiallylstruktur eine hohe Empfindlichkeit gegenüber O_2. Die aus vernetztem Polyacrylamid, Polyether oder Polystyren hergestellten Ionenaustauscher werden weniger abgebaut. Die folgende Aufstellung zeigt einen Vergleich der Kapazitätsverluste durch Oxidation für verschiedene Anionenaustauscherharze:

Polytriallylamin	28%
Polydimethylaminopropylacrylamid	3%
Polyepichlorhydrin mit DMA+)amin.	1%
Polybenzyldimethylamin	1%

+) DMA = Dimethylamin

Polyacrylamidharze sind nicht hydrolysestabil, weil ein Teil der basischen Austauschplätze durch Aufbrechen der Amidbindung verloren geht. Ein Ähnliches gilt für die Hydrolysebeständigkeit der Esterbindung in aus Dimethylaminoethyl-methacrylat hergestellten Anionenaustauschern.

Einen solchen hydrolytischen Abbau findet man demgegenüber bei Polybenzyldimethylamin-Harzen und Polyalkyldiallylamin-Harzen nicht. Weitere Anstrengungen wurden auf Polyether-Harze gerichtet, die unter den Regenerationsbedingungen keinen Abbau zeigen.

Da diese Ionenaustauscher pH-Titrationskurven mit nur geringem Plateau aufweisen, mußten Wege zur Überwindung dieser Störung gesucht werden. Dazu wurden Diamine mit größeren Abständen zwischen den N-Atomen getestet. Das geeignetste war trotz der Einführung unterschiedlicher Aminofunktionalitäten 1,6 Diaminohexan. Es wurde gefunden, daß der Einfluß der Polyetherstruktur auf die Gestalt der Titrationskurven den Einfluß der Heterofunktionalität überdeckt.

Vernetzte Strukturen wurden hergestellt und mit Dialkylaminen, Pyrrolidin, Piperidin und Homopiperidin funktionalisiert. Die folgende Aufstellung zeigt die ΔpH-Werte einiger Anionenaustauscher (ΔpH' = ΔpH-Werte von 30···70% Neutralisation).

Dimethylamin	1,5
Dipropylamin/Dimethylamin	1,0
Piperidin	1,1
Homopiperidin	0,6
Dipropylamin/Piperidin	0,6
Dibutylamin/Piperidin	0,7

Innerhalb der Polyetheraminserie und bei einem Basizitätsniveau wird eine ansteigende Oxidationsgeschwindigkeit beobachtet, wenn z. B. Piperidin durch Homopiperidin ersetzt wird. Während der ΔpH' von 1,1 auf 0,6 erniedrigt wird, steigt die Oxidationsgeschwindigkeit auf den vierfachen Wert. Neben dem unpolaren Charakter der Ionenaustauscherharze, der eine flachere Titrationskurve bewirkt, wird ein weiterer Effekt beobachtet. Während in allen vorher untersuchten Systemen strukturelle Änderungen nur einen geringfügigen Einfluß auf die Titrationskurven aufweisen, zeigen die Polyetherharze mit ansteigender Größe der Alkylgruppen am N-Atom ein entgegengesetztes Verhalten. Bei einer Mischung von Propyl- und Methylgruppen ändert sich ΔpH' von 1,0 bei 20 °C auf nur 0,2 bei 80 °C. Dieses Phänomen wird durch ansteigende hydrophobe Wechselwirkungen erklärt, die mit den großen Alkylsubstituenten auftreten, kombiniert mit der ansteigenden Intensität dieser Wechselwirkungen durch das Erwärmen der Anionenaustauscher auf 80 °C.

Praktisch bedeutet dies, daß die thermische Änderung der Basiszität bei 70 °C gleich Null ist, während sie bei Neutralisation 1,1 pH-Einheiten beträgt.

5.2. Kontinuierlicher Ionenaustausch mit magnetisierten Mikropartikel-Ionenaustauscherharzen

Die Anwendung von magnetisierten Mikropartikeln stellt eine praktikable Möglichkeit zur Überwindung der Handhabungsprobleme, die mit Mikropartikeln auftreten, dar.

Diese können durch Inkorporieren von kleinen Mengen ferromagnetischem

Material hergestellt werden. Wenn an eine Suspension, die magnetisierte Mikropartikel enthält, ein Magnetfeld angelegt wird, flocken die Partikel aus und können somit leicht von der Lösung abgetrennt werden. Andererseits lassen sie sich durch Rührung leicht wieder dispergieren und weisen den Vorteil einer schnellen Kinetik der Mikropartikel-Ionenaustauscher auf.

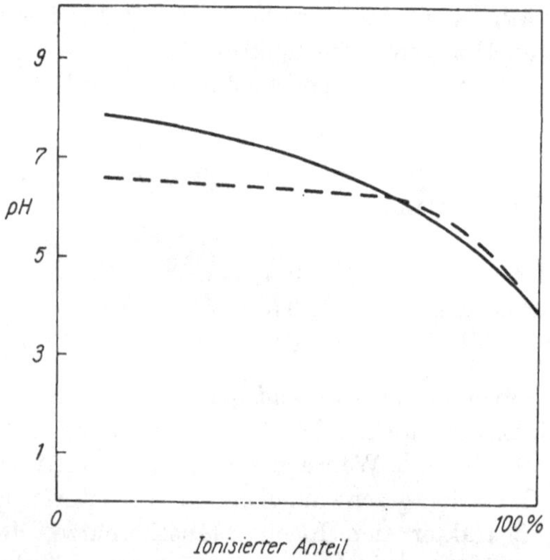

Abb. 11. Titrationskurven eines Polyetheraminharzes [8].

Magnetisierte Ionenaustauscherpartikel konventioneller Größe im Plum-Pudding-Format können durch Inkorporieren aktiver Mikropartikelionenaustauscher und von magnetischem Füllstoff in eine Matrix hergestellt werden. Ein Sirotherm-Harz dieser Art ist bereits erfolgreich in einer Pilotanlage erprobt worden. Daher wurde in Leederville im Westen Australiens eine Entsalzungsanlage mit einer Kapazität von 1000 m^3/d gebaut.

6. Eigene Untersuchungen

Die bisher vorgestellten Arbeiten dienten dem Ziel der Entwicklung eines ökonomisch günstigen Wasserentsalzungsprozesses und der Synthese optimaler Harzsysteme mit hoher thermisch regenerierbarer Kapazität.

Wir stellten uns in eigenen Arbeiten die Aufgabe durch verschiedene Synthesevarianten Kombinationen von anorganischen und organischen Ionenaustauschern zu synthetisieren. Die Zielstellung der Arbeiten war Ionenaustauscherkombinationen aus organischem und anorganischem Material zu erhalten, die für die Adsorption von Noxen aus Abwässern geeignet sind. Daneben sollte die thermische Regenerierbarkeit von salzbeladenen Ionenaustauscherkombinationen untersucht werden, um den Einsatz dieser Ionenaustauscherkombinationen im Sinne des Sirotherm-Prozesses zu testen.

Als Ausgangsstoffe verwendeten wir als anorganische Ionenaustauscher Zeolith A mit der Zusammensetzung Na_2O Al_2O_3 $2SiO_2$ und das Schichtsilikat Magadiit mit der Zusammensetzung $Na_2Si_{14}O_{29} \cdot 11\,H_2O$. Als organisches Ionenaustauscherharz diente vernetztes Polyvinylbenzyltrimethylamin. Die Zeolith A Proben (5% bezogen auf die Monomerphase) wurden im Monomergemisch (Styren mit 8% Divinylbenzen) dispergiert und über Nacht im Exsikkator aufbewahrt, um eine innige Benetzung des Molsiebes zu erreichen.

Die Polymerisation erfolgte nach Zusatz von Porofor N und Dispergieren in einer wäßrigen Phase. Es entstanden kugelförmige Polymerisate mit max. 3,7 Masse-% Molsieb A. Die Einführung der anionenaustauschaktiven Gruppen erfolgte durch Chlormethylierung und nachfolgende Aminierung mit Dimethylamin. Da festgestellt wurde, daß das Molsieb A unter den Chlormethylierungsbedingungen zerstört wird, setzten wir unsere Versuche mit Magadiit fort.

Magadiit kam sowohl in der Na^+-Ionenbeladungsform, als auch in der mit Quartolan S beladenen Form zum Einsatz. Quartolan S besitzt folgende Zusammensetzung:

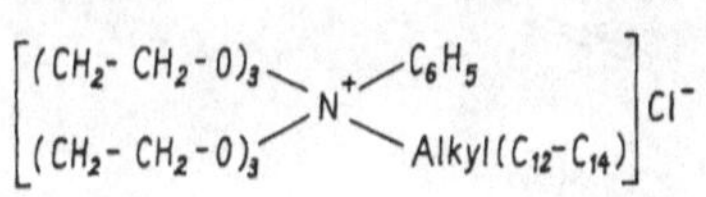

Durch die Beladung mit Quartolan S wird eine Aufweitung der Schichtabstände des Magadiits bewirkt. Die Basalabstände des Na^+-Magadiits und des mit Quartolan S beladenen Magadiits sind 15,5 bzw. 32,9 Å. Dadurch kann ein Eindringen des Styrens in die Zwischenschichträume erfolgen, so daß eine bessere Aufnahme des organischen Monomeren gewährleistet wird [27, 28]. Äußerlich ist das Eindringen des Styrens durch eine Quellung des Magadiits zu beobachten.

Wir suspendierten 5 g Magadiit in 20 *ml* Styren-Divinylbenzen-Mischung mit einem Divinylbenzengehalt von 8%. Die Dispersion wurde dann bis zu 5 Tagen im Exsikkator aufbewahrt. Die Polymerisation erfolgte als Suspensionspolymerisation, wobei dem wäßrigen Medium 6% Polyvinylalkohol 55/02 zugesetzt wurde. Als Initiator diente Profor N. Es entstanden Polymerisate mit einem mittleren ∅ von 0,16 mm. Tabelle 7 enthält eigene Ergebnisse.

Die max. Magadiit-Gehalte betrugen 22% bezogen auf die Gesamtmasse des Polymerisates, wobei kein Unterschied zwischen der Quartolan S Beladungsform und der Na^+-Beladungsform gefunden wurde. Die Einführung der funktionellen Gruppen erfolgte ebenfalls durch Chlormethylierung und

Aminierung mit verschiedenen Aminen. Die Aminierung mit konzentrierten Aminlösungen, deren pH-Wert > 12 ist, führt zu ungünstigen Ergebnissen, da sich unter stark basischen Bedingungen der Magadiit auflöst. In Tab. 7 ist zu erkennen, daß der Magadiit-Gehalt des Polymerisates bei Aminierung mit 40%iger Dimethylamin-Lösung sehr stark abnimmt, so daß keine Kapazität an sauren Gruppen im Endprodukt vorhanden ist.

Eine Aminierung mit 12%iger Trimethylamin-Lösung unter milderen Bedingungen führt zu einer Kapazität von max. 0,5 meq./g an sauren Gruppen und 3,4 meq./g an basischen Gruppen.

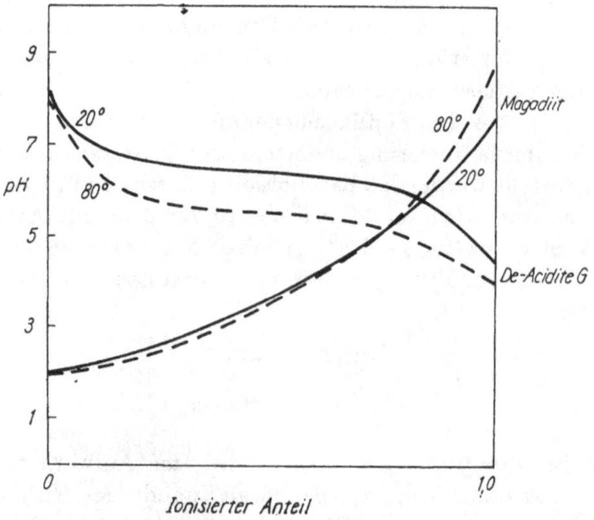

Abb. 12. pH-Titrationskurven von Magadiit und De-Acidite G.

Zum Einsatz im Sinne des Sirotherm-Prozesses sind die Ionenaustauscherkombinationen auf Basis Magadiit/Polybenzyltrimethylamin wenig geeignet.

Eine Vorabschätzung kann aus den pH-Titrationskurven erfolgen. Abbildung 12 zeigt die pH-Titrationskurven von Na^+-Magadiit und De-Acidite G. Wie eindeutig zu erkennen ist, zeigt Na^+-Magadiit ein sehr ungünstiges Titrationsverhalten. Die Titrationskurve ist stark geneigt und es zeigt sich, daß keine thermisch regenerierbare Kapazität zu erwarten ist.

Eine Abschätzung kann auch mit Hilfe der pK_a-Werte erfolgen. Der pK_a-Wert von H^+-Magadiit liegt zwischen (—3) und (—5). Damit ist der H^+-Magadiit zu stark sauer. Günstige pK_a-Werte für Carboxylharze liegen zwischen pK_a 3 und 5.

Weitere Untersuchungen zum Einsatz der anorganisch/organischen Ionenaustauscher sollen zur Adsorption von Phenol, Farbstoffen und zur Metallionensorption erfolgen.

Tabelle 7

Gesamtgewichtskapazität und Gehalt an anorganischem Kationenaustauscher für einige anorganisch/organische Ionenaustauscherkombinationen

Anorganischer IAT	% Anorg. IAT in Monomermischung[1])	% Anorg. IAT im Copolymeren	Basische Gruppen	Gesamtgewichtskapazität		WG (%)	% Anorg. IAT in der IAT-Kombination
				GGK_s (meq/g)	GGK_b (meq/g)		
Molsieb A	5	3,7	Molsieb A wird durch Chlorether zerstört				
Magadiit-Q[2])	25	20,0	DMA[3])	0[5])	5,1	63,7	0
Magadiit-Q	25	14,6	TMA[4])	0,43	3,2	63,6	10,3
Magadiit-Na^+)	25	22,8	TMA	0,5	3,43	56,2	14,9

IAT = Ionenaustauscher

[1]) = Monomere Styren/Divinylbenzen mit 8% Divinylbenzen bezogen auf die Monomermenge
[2]) = Magadiit in der Quartolan S-Beladungsform
[3]) = Dimethylamingruppe
[4]) = Trimethylammoniumgruppe
[5]) = Magadiit wird unter den Aminierungsbedingungen (40% Dimethylanimlösung; 70°C; 6 h) aufgelöst

7. Literatur

[1] B. A. Bolto: „*Polymeric Amines And Ammonium Salts* edited by Goethals", Pergamon Press Oxford, New York 1980

[2] D. E. Weiss, B. A. Bolto, R. McNeil, A. S. Macpherson, R. Siudak: An Ion-Exchange Process With Thermal Regeneration, II Properties Of Weakly Basic Resins, Austr. J. Chem. 1966, 19, 561–87

[3] D. E. Weiss, B. A. Bolto, R. McNeil, A. S. Macpherson, R. Siudak: An Ion-Exchange Process With Thermal Regerneration, IV Equilibria In A Mixed Bed Of Weak-Elektrolyte Resins, Austr. J. Chem. 1966, 19, 765–89

[4] M. J. Hatch, J. A. Dillon, H. B. Smith: Preparation And Use Of Snake-Cage Polyelektrolytes, Ind. Eng. Chem. 49, 1812, (1957)

[5] US 3351549/1967

[6] D. E. Weiss, B. A. Bolto, E. A. Swinton, A. S. Macpherson, R. Siudak, D. Willis: The Sirotherm Demineralisation Process-An Ion-Exchange Process With Thermal Regeneration, I The Plate Of A Demineralisation Plant In A System Of Water Managment In Arid Areas, J. Austn. Instn. Engrs. 1965, 37, 193

[7] D. E. Weiss, B. A. Bolto, R. McNeil, A. S. Macpherson, R. Siudak, E. A. Swinton, D. Willis: An Ion-Exchange Process With Thermal Regeneration, III Properties Of Weakly Acidic Ion-Exchange Resins, Austr. J. Chem. 1966, 19, 589–608

[8] B. A. Bolto: Some New Water Purification Processes Based On Polymers, Prog. Polym. Sci. 9, 89–114, (1983)

[9] F. Helfferich: „*Ionenaustauscher*", Bd. 1, Weinheim 1959

[11] US 3645922/1972

[12] DE 1810452/1969

[13] Brit.-PS 1377342/1973

[14] B. A. Bolto: Novel Water Treatment Processes With Utilize Polymers, J. Macrom. Sci.-Chem. A 14, 107–120, 1980

[15] B. A. Bolto, M. B. Jackson, R. Siudak, H. A. J. Batteard, P. G. S. Shah: New Composite Ion-Exchange Resins Made From Neutral Percursors, J. Polym. Sci., Symp. No. 55, 95, 1976

[16] B. A. Bolto, R. Siudak: Further Rapidly Reacting Ion-Exchange Resins, J. Polym. Sci., Symp. No. 55, 87, 1976

[17] US 3941724/1976

[18] US 3808158/1972

[19] Jpn. Kokai Tokkyo Koho 7899294/1978

[20] US. 4115297/1978

[21] B. A. Bolto, K. H. Eppinger, M. B. Jackson: Thermally Regenerable Ion-Exchange Resins. III Filling A Macroporous Resin With Crosslinked Resin, Reactive Polym. 1, 139–143, 1983

[22] US 3991017/1976

[23] DE 2501032/1976

[24] US 4087357/1978

[25] US 4152496/1979
[26] US 4136067/1979
[27] Ch. Kato, K. Kuroda, H. Takahara: Preparation And Electrical Properties Of Quarternary Ammonium Montmorillonite-Polystyrene Complexes, Clay and Clay Minerals 29, 294–298, 1981
[28] Ch. Kato, K. Kuroda: Synthesis And Properties Of Inorganic-Organic Complexes – Intercalation Compunds Of Clay Minerals And Trimethylsilyl Derivatives Of Orthosilicate, Memoirs of the Scool of Science and Engineering No. 46, 145–163, 1982
[29] B. A. Bolto, K. H. Jackson: J. Macrom. Sci.-Chem. A 17, 153, 1982
[30] B. A. Bolto, K. H. Eppinger: The Further Crosslinking Of Polydiallyamines With Dihalo Componds, J. Macrom. Sci.-Chem. A 17, 175–188, 1982
[31] Nl-PS 7416102/1975
[32] Fr.-PS 2255334/1965

Heft 6 Prof. Dr. rer. nat. FRIEDRICH WOLF / Dr. rer. nat. URSULA KOCH, Über den Einfluß der chemischen Struktur von Dispersionsfarbstoffen auf deren Dispersionsstabilität
1979. 18 Seiten – 3 Abbildungen – 10 Tabellen – 8° – M 3,50

Heft 7 Prof. Dr. rer. nat. FRIEDRICH WOLF / Dr. rer. nat. WOLFGANG HEYER, Zur Sorption an Tetracalcium-aluminathydroxysalzen 1980. 12 Seiten – 5 Abbildungen – 4 Tabellen – 8° – M 2,–

Band 114

Heft 1 Prof. Dr. HASSO ESSBACH, Morphologisches zur orthologischen und pathologischen Differenzierung und zum Anpassungs- und Abwehrvermögen der menschlichen Placenta
1980. 19 Seiten – 12 Abbildugnen – 8° – M 4,–

Heft 2 Prof. Dr. med. WERNER RIES, Risikofaktoren des Alterns aus klinischer Sicht
1980. 19 Seiten – 9 Abbildungen, davon 1 Abbildung auf Tafel – 8° – M 4,–

Heft 3 Prof. Dr. OTT-HEINRICH KELLER, Anschaulichkeit und Eleganz beim Alexanderschen Dualitätssatz
1980. 19 Seiten – 8° – M 4,–

Heft 4 Prof. Dr. rer. nat. BENNO PATHIER, Die cytologische Symbiose am Beispiel der Biogenese von Zellorganellen 1981. 29 Seiten – 16 Abbildungen – 2 Tabellen – 8° – M 6,–

Heft 5 Prof. Dr. F. WOLF / Dr. S. ECKERT / Dr. M. WEISE / Dr. S. LINDAU, Untersuchungen zur Synthese und Anwendung bipolarer Ionenaustauschharze 1980. 12 Seiten – 6 Tabellen – 8° – M 2,–

Heft 6 Prof. Dr. med. HERBERT JORDAN, Balneobioklimatologie – Eine Zielstellung im Mensch-Umwelt Konzept 1981. 25 Seiten – 8 Abbildungen – 1 Tabelle – 8° – M 4,–

Band 115

Heft 1 Prof. Dr. rer. nat. HERMANN BERG, Wilhelm Ostwald – Erkenntnisse über die Biosphäre
1981. 36 Seiten – 7 Abbildungen – 3 Tabellen – 8° – M 6,–

Heft 2 Prof. Dr. sc. KLAUS DÖRTER, Aphorismen zur Qualität des Bewässerungswassers
1981. 31 Seiten – 11 Abbildungen – 11 Tabellen – 8° – M 6,–

Heft 3 Prof. Dr. Ing. Dr. h. c. PAUL GÖRLICH, Die geschichtliche Entwicklung des wissenschaftlichen Gerätebaus und seine zukünftige Bedeutung 1981. 36 Seiten – 8° – M 6,–

Heft 4 Prof. Dr. WOLFGANG BUCHHEIM, Albert Einstein als Wegbereiter nachklassischer Physik
1981. 29 Seiten – 8° – M 4,–

Heft 5 Prof. Dr.-Ing. HERBERT KRUG, Die Technologie der Brikettierung von Weichbraunkohle im Lichte der Verfahrenstechnik und der besseren Nutzung dieses Energieträgers
1982. 20 Seiten – 13 Abbildungen – 8° – M 3,–

Heft 6 Prof. Dr. ERNST NEEF, Der Verlust der Anschaulichkeit in der Geographie und das Problem der Kulturlandschaft 1981. 34 Seiten – 8° – M 5,–

Band 116

Heft 1 Prof. Dr. WERNER RIES, Studium zum biologischen Alter
1982. 27 Seiten – 10 Abbildungen – 8° – M 4,–

Heft 2 Prof. Dr. RUDOLF SACHSENWEGER, Augenunabhängige optosensorische Wahrnehmungsformen
1983. 19 Seiten – 8° – M 4,–

Heft 3 Prof. Dr. HANS-GEORG SCHÖPF, Die Griechen und die Natur 1983. 62 Seiten – 8° – M 8,–

Heft 4 Prof. Dr. Ing. JÁN BENETIN, Mathematisches Modell für das Wachstum von landwirtschaftlichen Kulturen und seine Verwertung in der quantitativen Beurteilung des Bewässerungseffektes auf die Steigerung der Ernteerträge 1983. 36 Seiten – 18 Abbildungen – 3 Tabellen – 8° – M 6,–

Heft 5 Prof. Dr. HANS DRISCHEL †, Neues über die Pupille
1983. 30 Seiten – 26 Abbildungen – 8° – M 4,–

Heft 6 Prof. Dr. BENNO PARTHIER, Der Beitrag der Molekularbiologie zur Evolutionserkenntnis
1983. 41 Seiten – 19 Abbildungen – 2 Tabellen – 8° – M 6,–

Heft 7 Prof. Dr. ADOLF WATZNAUER, Die Rolle des Radons (Isotp ^{222}Rn) als Umweltfaktor – eine Übersicht
1983. 34 Seiten – 3 Abbildungen – 4 Tabellen – 8° – M 5,–

Band 117

Heft 1 Prof. Dr. sc. KLAUS DÖRTER, Einige Aspekte zum landeskulturellen Nutzen des Meliorationswesens
1984. 31 Seiten – 10 Abbildungen – 11 Tabellen – 8° – M 8,–

Heft 2 Prof. Dr. HERBERT BECKERT, Nichtlineare Elastizitätstheorie 1984. 58 Seiten – 8° – M 8,–

Heft 3 Prof. Dr. HERBERT JORDAN, Zur funktionellen Normalität des Menschen
1984. 29 Seiten – 15 Abbildungen – 1 Tabelle – 8° – M 4,–

Heft 4 Dr. ARND BERNHARDT, Beiträge zum Problemkreis des Landschaftswandels
1986. 101 Seiten – 3 Abbildungen – 2 Übersichten – 5 Tabellen – 8° – M 14,–

Heft 5 Prof. Dr. OTT-HEINRICH KELLER, Das Zählen als angeborene Verhaltensweise
1984. 36 Seiten – 11 Abbildungen – 8° – M 6,–

Heft 6 Prof. Dr. WOLFGANG BUCHHEIM, Komplementarität nach Niels Bohr – Physikgeschichtliche Episode oder universale Kategorie von Ergänzung? 1984. 30 Seiten – 3 Tabellen – 8° – M 4,–

Heft 7 Prof. Dr. BENNO PARTHIER, Gene, Gentechnik, Genmanipulation
1984. 28 Seiten – 7 Abbildungen – 8° – M 4,–

Band 118

Heft 1 Prof. Dr. HANS JÜRGEN RÖSLER, Geowissenschaften und Geochemie
1985. 24 Seiten – 11 Abbildungen – 8° – M 4,–

Heft 2 Prof. Dr. HERBERT BECKER, Axiomatik – Mathematik und Erfahrung
1985. 18 Seiten – 3 Abbildungen – 8° – M 3,–

Heft 3 Prof. Dr. HERMANN BERG, Zellfusion, Transformation und Pharmakainkorporation durch Elektrostimulation 1986. 27 Seiten – 15 Abbildungen – 8° – M 4,–

Heft 4 Prof. Dr. N. JOACHIM LEHMANN, Die analytische Maschine. Grundlagen einer Computer-Analytik
1985. 64 Seiten – 5 Abbildungen – 8° – M 8,–

Heft 5 Prof. Dr. DIETRCIH UHLMANN, Die anthropogene Eutrophierung der Gewässer – ein umkehrbarer Prozeß? 1986. 32 Seiten – 16 Abbildungen – 8° – M 4,–

Heft 6 Prof. Dr. Dr. FRIEDRICH WOLF/Dr. MAGDALENA WEISE, Der Sirotherm-Prozeß – Ein Verfahren zur rationellen Wasserentsalzung *Vorliegendes Heft*

Einzel- oder Fortsetzungsbestellungen durch eine Buchhandlung erbeten

Sitzungsberichte bis Band 108
durch das Zentralantiquariat der Deutschen Demokratischen Republik, Leipzig,
ab Band 109 durch die Universitätsbuchhandlung, 7010 Leipzig, zum Teil noch lieferbar

AKADEMIE-VERLAG BERLIN

DDR-1086 Berlin, Leipziger Straße 3–4

ISBN 3-05-500093-5

ISSN 0371-327X

FSC
www.fsc.org
MIX
Papier | Fördert
gute Waldnutzung
FSC® C083411

Kolibri 360 GmbH
Ferdinand-Jühlke-Straße 7
99095 Erfurt, Deutschland
produktsicherheit@kolibri360.de